참 맛있어요!

✳ 맛있는 과일의 이름을 손가락으로 가리키며 말해 보고, 읽어 보세요.

참 잘했어요!

사과

귤

포도

바나나

참외

토마토

수박

딸기

1

빨간 나는 누구?

� 손가락으로 점선을 따라 선을 그으면서, 과일의 맛을 표현해 보세요.

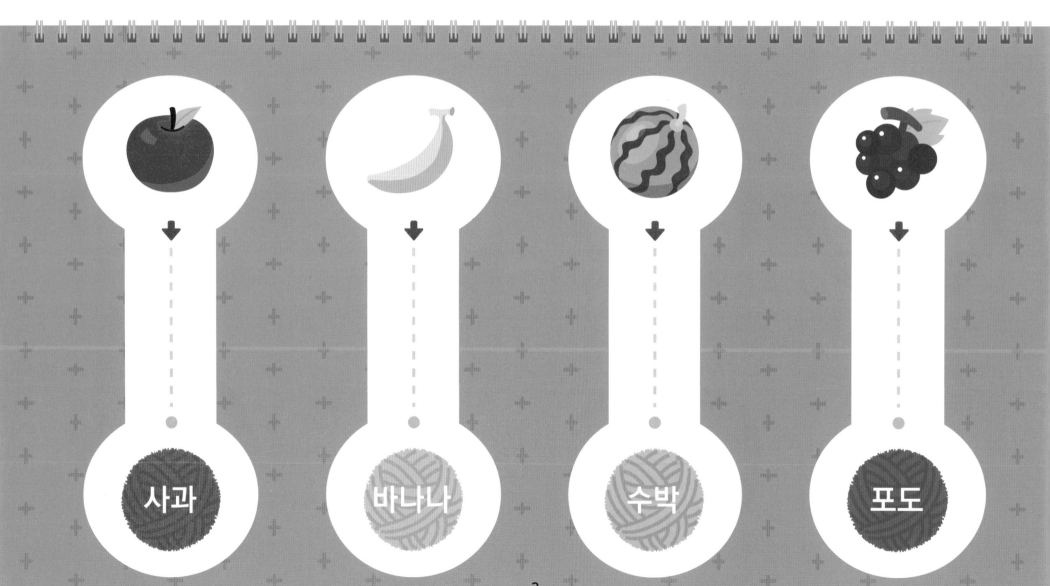

사과

바나나

수박

포도

2

무엇의 그림자일까요?

✱ 과일의 이름을 말하고 그림자에 과일 스티커를 붙이세요.

참 잘했어요!

딸기

참외

귤

토마토

3

맛있게 먹어요

✳ 과일의 빈 곳에 색칠을 하여 완성하세요.

과일 이름

참 잘했어요!

4

누구의 모양일까요?

✳ 그림의 이름에 맞는 과일을 찾아 ○ 하세요.

참 잘했어요!

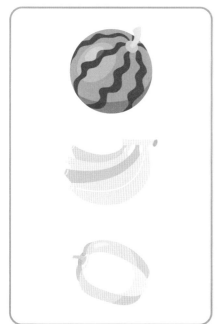

과일 이름

나의 반쪽은 어디 있나요?

✳ 과일을 반으로 자른 모양을 줄로 이으세요.

참 잘했어요!

수박 ➡

토마토 ➡

참외 ➡

딸기 ➡

6

무엇의 모양일까요?

✳ 그림의 이름에 맞는 과일을 찾아 ○ 하세요.

참 잘했어요!

딸기

참외

토마토

귤

이름을 불러요

✳ 그림에 맞는 글자 스티커를 붙이세요.

참 잘했어요!

8

바나나를 칠해요

※ 원숭이들이 바나나를 하나씩 먹을 수 있게 원숭이 수만큼 바나나를 색칠하세요.

같아지게 칠해요

✳ 같은 두 도형이 있어요. 빈 곳을 알맞은 색으로 칠하세요.

참 잘했어요!

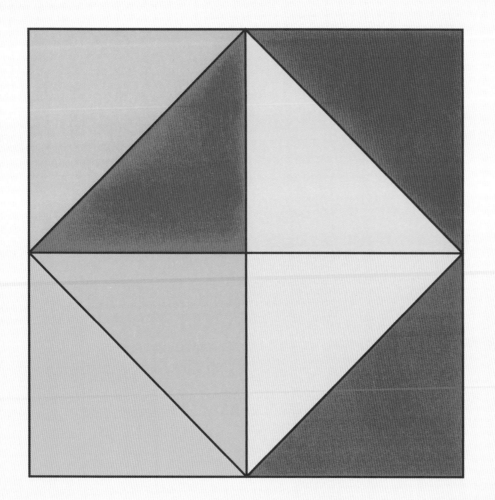
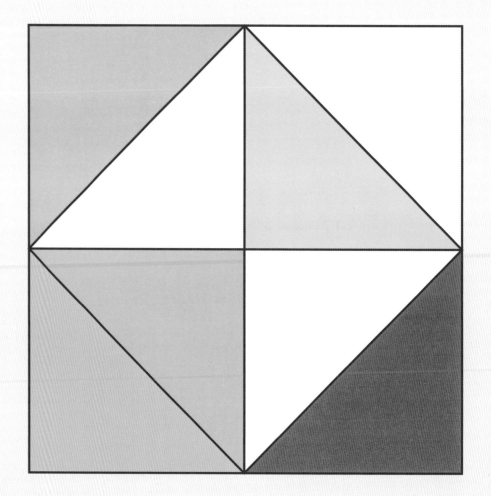

농장에 왔어요

채소 이름

✳ 농장에는 어떤 채소들이 있을까요? 손가락으로 가리키며 읽어보세요.

참 잘했어요!

옥수수

가지

호박

감자

배추

고추

오이

당근

11

누구의 이름일까요?

✳ 채소의 이름을 찾아 손가락으로 따라가 보세요.

참 잘했어요!

호박

감자

배추

무엇으로 만들었나요?

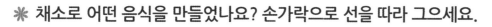

※ 채소로 어떤 음식을 만들었나요? 손가락으로 선을 따라 그으세요.

참 잘했어요!

감자　　　당근　　　배추　　　옥수수

참 맛있어요

❋ 채소의 빈 곳을 예쁘게 색칠하여 완성하세요.

참 잘했어요!

당근

감자

14

농장에 비가 내려요

✳ 채소들이 잘 자랄 수 있게 빗방울을 따라 손가락으로 선을 그으세요.

참 잘했어요!

15

누구의 모양일까요?

채소 이름

✳ 그림의 이름에 맞는 채소를 찾아 ○ 하세요.

오이

가지

고추

호박

16

채소 이름

시냇물이 졸졸졸

✳ 시냇물에 채소들이 떠 내려가요. 손가락으로 시냇물을 따라 선을 그으세요.

참 잘했어요!

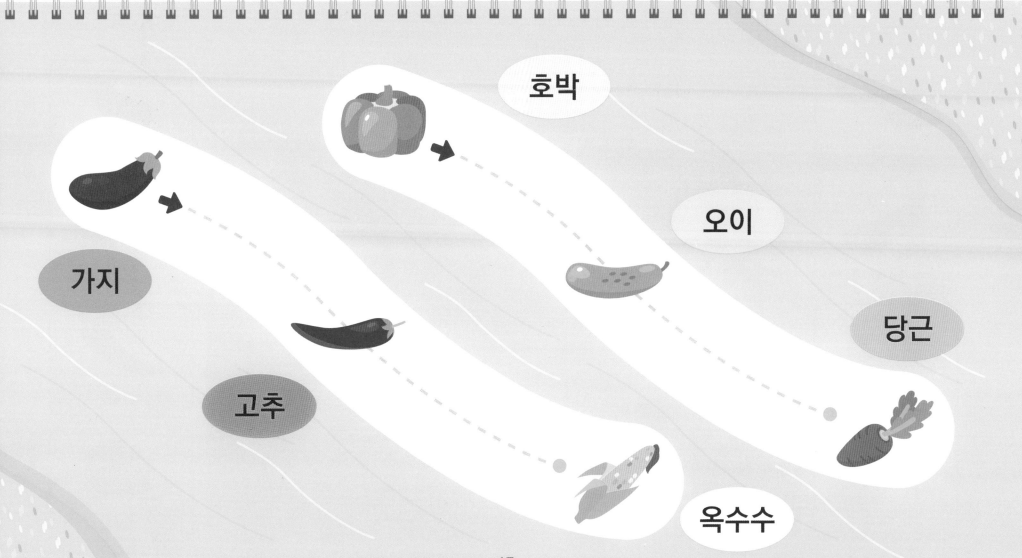

호박

가지

오이

당근

고추

옥수수

17

채소 이름

'꼭꼭' 숨어라

참 잘했어요!

✳ 바구니에 담긴 채소 이름을 말해보고 같은 채소끼리 줄을 이으세요.

당근

오이

호박

옥수수

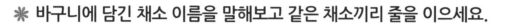

가지

배추

고추

감자

새싹이 나왔어요

✳ 땅에서 새싹이 나왔어요. 점선을 따라 그리고 색칠해 보세요.

참 잘했어요!

19

모양을 색칠해요

❋ 여러 가지 모양들이 시소를 타고 있어요. 더 무거운 모양을 색칠해 보세요.

참 잘했어요!

숨 속에서 살아요

✳ 동물의 이름을 손가락으로 가리키며 말해 보고 읽어 보세요.

참 잘했어요!

사자

다람쥐

원숭이

거북

코끼리

곰

사슴

호랑이

21

동산에 올라가요

✳ 동산에 먼저 올라간 순서대로 동물의 이름을 말하세요.

참 잘했어요!

거북

다람쥐

사자

곰

22

누구의 그림자 일까요?

✳ 누구의 그림자인지 이름을 말하고 그림 스티커를 붙이세요.

참 잘했어요!

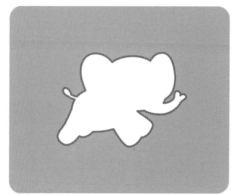

호랑이
사슴
코끼리
원숭이

23

동물 이름

누가 좋아하나요?

✳ 동물들이 좋아하는 것을 찾아 손가락으로 선을 따라 그으세요.

참 잘했어요!

24

누가 이길까요?

❋ 달리기하는 동물 친구들에게 이름 스티커를 붙이세요.

참 잘했어요!

호랑이

다람쥐

원숭이

사슴

꼭꼭 숨어라

✳ 숨어있는 동물은 누구일까요? 이름을 말해 보세요.

참 잘했어요!

거북

곰

다람쥐

원숭이

호랑이

동물 이름

무엇을 좋아할까요?

✳ 동물 친구가 좋아하는 것을 손가락으로 선을 따라 찾아가세요.

참 잘했어요!

동물 이름

이름이 있어요

✳ 자전거를 타고 있는 친구는 누구일까요? 동물 친구들의 이름을 말하세요.

참 잘했어요!

호랑이

사슴

코끼리

원숭이

거북

곰

사자

코끼리의 코

✳ 그림의 코끼리의 코를 색칠해 보세요.

참 잘했어요!

29

참 고마워요!

※ 경찰관이나 집배원은 어디서 일할까요? 그림을 보고 낱말을 큰 소리로 읽어 보세요.

경찰서

우체국

경찰서

경찰관

우체국

집배원

참 고마워요!

✳ 소방관이나 의사는 어디서 일할까요? 그림을 보고 낱말을 큰 소리로 읽어 보세요.

병원

119 소방서

병원

의사

소방서

소방관

31

삐뽀삐뽀 비켜주세요

✳ 불이 났어요. 소방차가 빠르게 달릴 수 있도록 예쁘게 색칠하세요.

어디서 일하나요?

❋ 경찰관, 집배원 아저씨는 어디서 일을 할까요? 손가락으로 선을 따라 그으세요.

참 잘했어요!

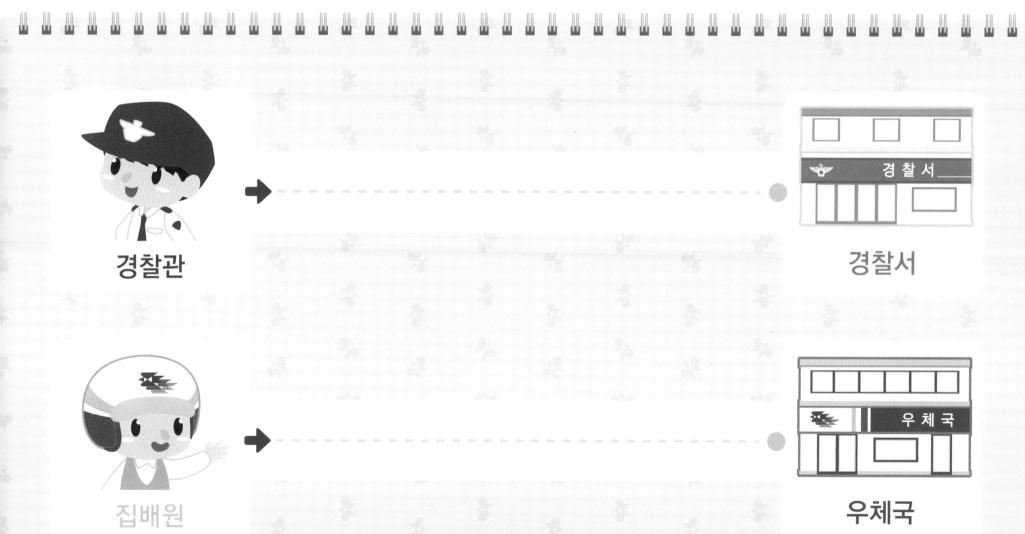

경찰관

경찰서

집배원

우체국

고마운 분들

어디에 전화할까요?

✳ 우리를 도와주는 일은 누가 하는지 손가락으로 선을 따라 가세요.

참 잘했어요!

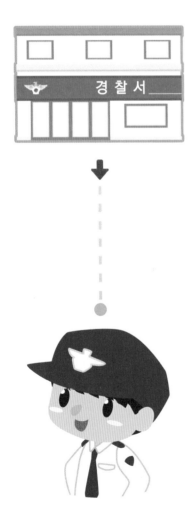

경찰서

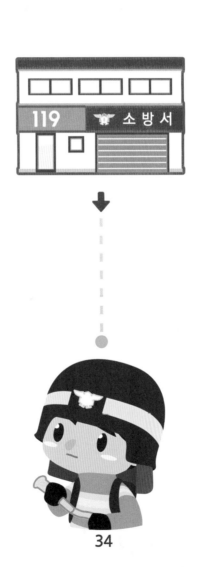

119 소방서

병원

무슨 차를 탈까요?

✳ 우리를 도와주는 분들은 어떤 차를 타고 다닐까요? 선을 그어 보세요.

경찰차

구급차

오토바이

소방차

누구의 차일까요?

✳ 누구와 관계 있는 자동차인지 이름을 말해 보세요.

참 잘했어요!

경찰관

의사

소방관

집배원

36

불이 났어요

✳ 우리 동네에 불이 났어요. 어느 곳에 연락을 해야 할까요? 맞는 곳에 ○ 하세요.

참 잘했어요!

의사

소방관

경찰관

집배원

불이 났어요

❋ 다람쥐네 집에 불이 났어요. 코끼리 아저씨가 불을 끄려고 해요. 불을 향해 물줄기를 그려 주세요.

참 잘했어요!

우리 가족을 소개합니다

✳ 낱말을 큰 소리로 말해 보세요.

참 잘했어요!

우리 가족을 소개합니다

✳ 가족의 그림에 알맞은 스티커를 붙여 보세요.

참 잘했어요!

우리 가족

우리 가족을 소개합니다

✳ 같은 말이지만 상대에 따라 호칭이 달라요.

참 잘했어요!

누나

오빠

언니

형

41

우리 가족을 소개합니다

✳ 그림을 보고 알맞은 이름을 찾아 선을 따라 그으세요.

참 잘했어요!

우리 가족

아버지

할머니

형

42

우리 가족을 소개합니다

✳ 우리 가족의 웃음소리를 따라 해 보세요.

참 잘했어요!

43

우리 가족을 소개합니다

✱ 그림자를 보고 누구의 그림자인지 찾아 선으로 그으세요.

참 잘했어요!

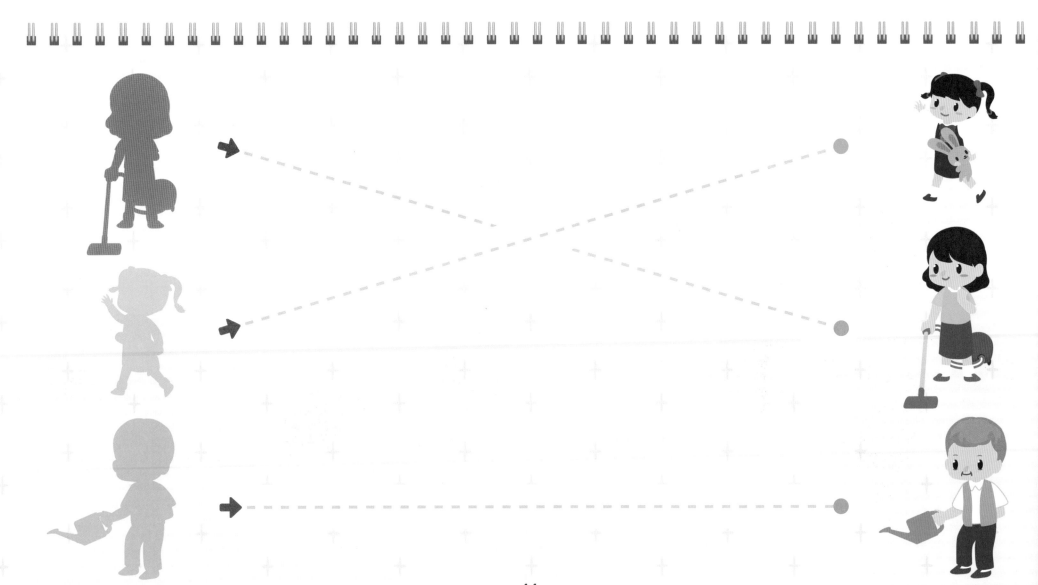

44

우리 가족을 소개합니다

✳ 어머니 얼굴을 떠올리며 예쁘게 그려 보아요.

참 잘했어요!

45

우리 가족

우리 가족을 소개합니다

✳ 가족 관계를 알아 보고, 그림에 맞는 이름 스티커를 붙이세요.

참 잘했어요!

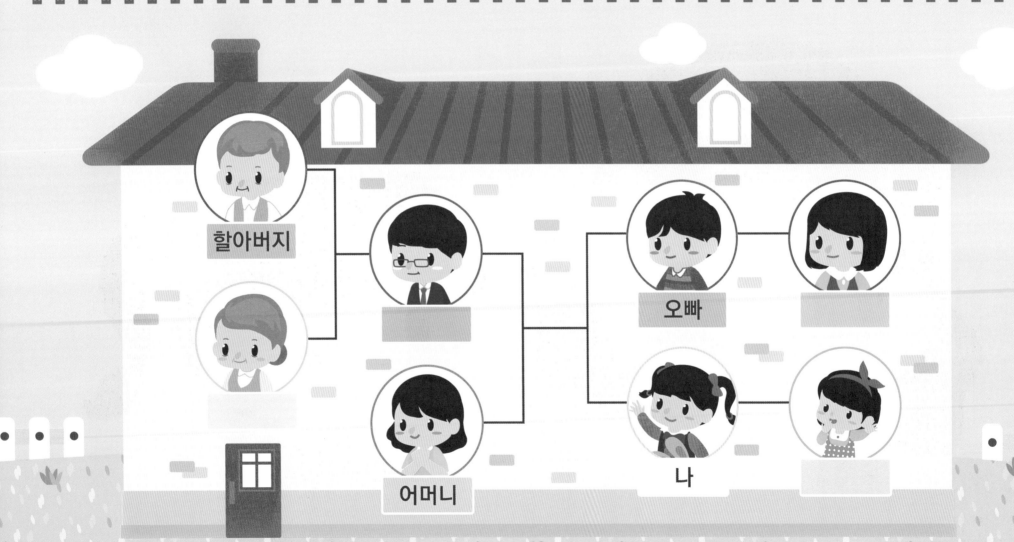

바다에서 놀아요

✳ 가족과 바다에 왔어요. 바다에서 물놀이를 할 때 필요한 물건을 찾아 색칠해 보세요.

47

음식을 만들어요

✳ 엄마가 맛있는 음식을 만들고 계세요. 필요한 물건을 찾아 색칠하세요.

참 잘했어요!

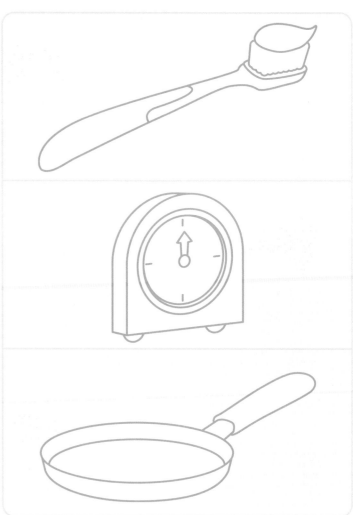

여러 가지 탈것

참 잘했어요!

비행기

배

버스

오토바이

49

여러 가지 탈것

✳ 그림의 이름을 큰 소리로 말해 보고, 스티커를 붙이세요.

참 잘했어요!

50

여러 가지 탈것

❋ 탈것들의 소리를 따라하며 같은 것을 찾아 선으로 그으세요.

51

여러 가지 탈것

✻ 그림을 보고 선으로 이어서 버스를 완성하세요.

참 잘했어요!

52

여러 가지 탈것

※ 그림의 빈 곳을 색칠하고 이름을 찾아 ○ 하세요.

비행기　자동차　버스

기차　　버스　　배

탈것

여러 가지 탈것

✳ 그림을 보고 탈것의 이름에 빠진 글자 스티커를 붙이세요.

참 잘했어요!

물 위를 떠다니는
◻!

하늘을 나는
비◻기!

내 이름은
자◻차!

여러 가지 탈것

※ 왼쪽 그림을 보고 알맞은 그림을 찾아 선으로 이으세요.

참 잘했어요!

55

여러 가지 탈것

✳ 그림을 보고, 배경에 알맞은 탈것을 예쁘게 색칠해 보세요.

참 잘했어요!

56

바퀴가 없어요

✳ 자동차를 타고 갈 수 있게 바퀴를 그리고 색칠해 보세요.

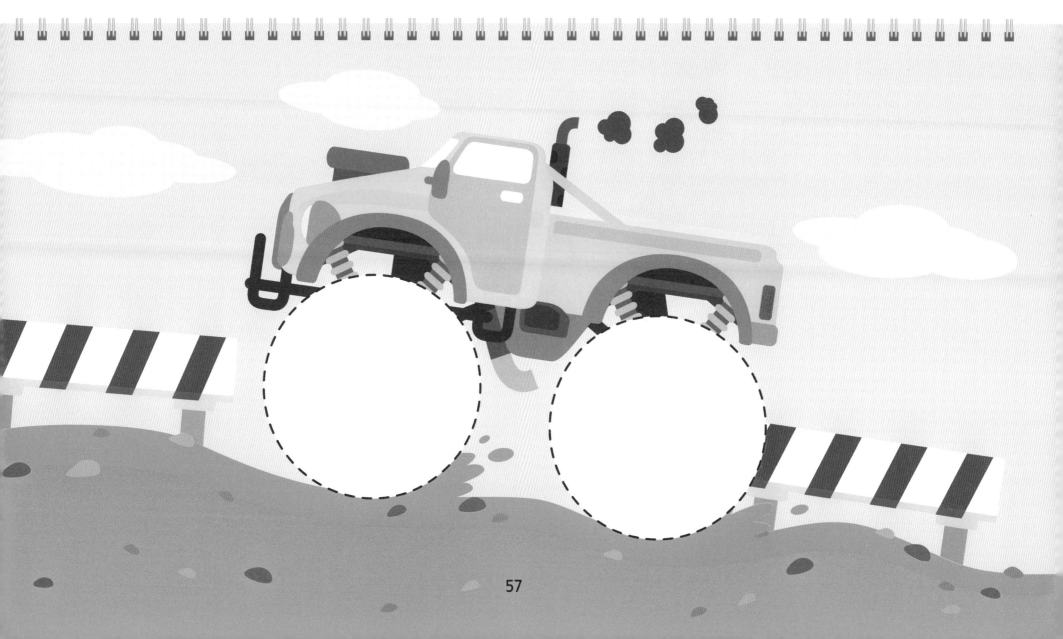

칙칙폭폭 기차가 가요

✳ 기차가 달리고 있어요. 예쁘게 색을 칠하세요.

색칠하기

참 잘했어요!

신기한 곤충의 세계

✳ 그림을 보고 곤충들을 손으로 짚으며 큰 소리로 이름을 말해 보세요.

참 잘했어요!

벌

잠자리

무당벌레

나비

59

신기한 곤충의 세계

곤충

✳ 그림을 보고 곤충들의 이름 위에 스티커를 붙여주세요.

참 잘했어요!

장수풍뎅이

메뚜기

개미

매미

60

신기한 곤충의 세계

✱ 사다리를 타고 내려가 곤충들의 이름을 찾아주세요.

참 잘했어요!

곤충

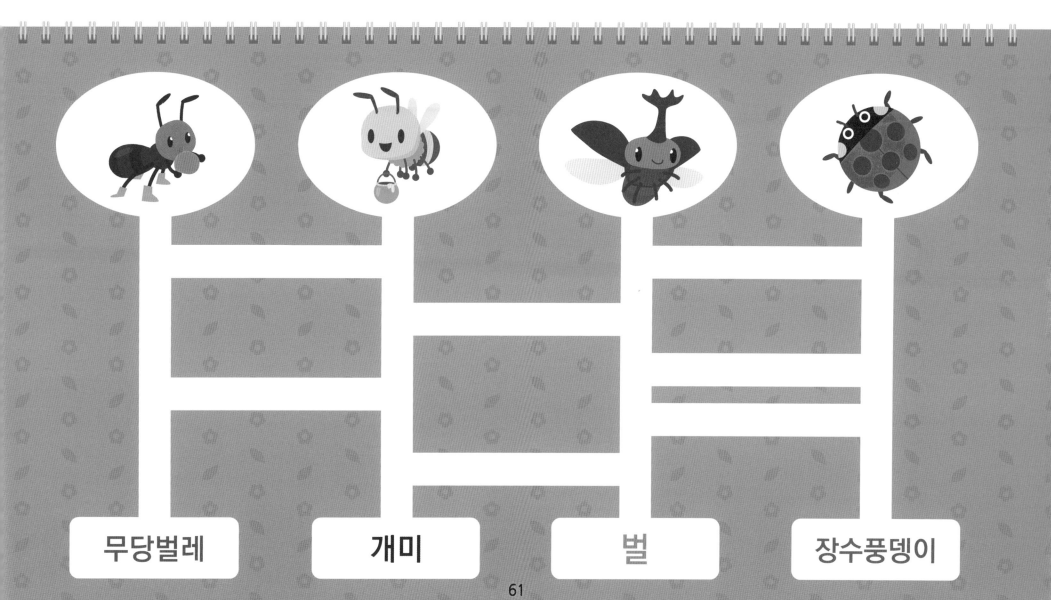

무당벌레

개미

벌

장수풍뎅이

61

신기한 곤충의 세계

✳ 설명을 읽어 보고 어떤 곤충인지 스티커를 붙이세요.

참 잘했어요!

꽃을 좋아해요.

빨간 바탕에 까만점이 있어요.

내 몸보다 훨씬 큰 짐도 들고 다녀요.

62

신기한 곤충의 세계

❋ 나풀나풀~ 나비가 날 수 있게 예쁘게 색칠해 주세요.

곤충

참 잘했어요!

63

신기한 곤충의 세계

✳ 곤충들의 이름은 무엇일까요? 선을 그어 보세요.

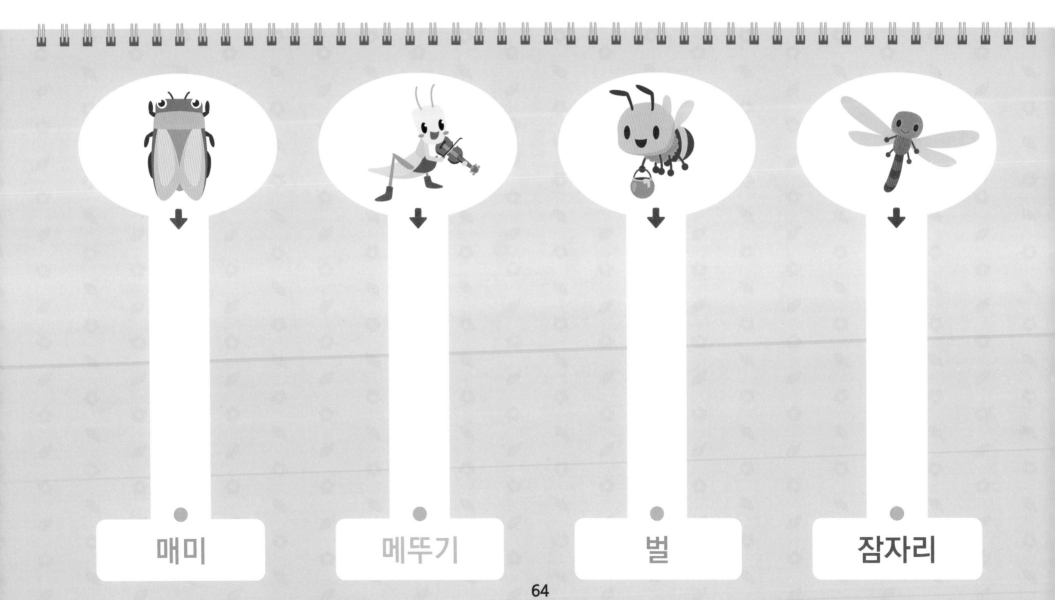

매미

메뚜기

벌

잠자리

신기한 곤충의 세계

✳ 그림을 보고 곤충의 이름 스티커를 붙여주세요.

잠자리

매미

신기한 곤충의 세계

✳ 곤충의 이름을 큰 소리로 읽어 보고 빈 곳을 예쁘게 색칠하세요.

장수풍뎅이

벌

대칭이 되도록 칠해요

✳ 무당벌레의 무늬가 대칭이 되도록 그리고 색칠해 보세요.

참 잘했어요!

물건

여러 가지 물건

✳ 그림을 보고 물건들의 이름을 큰 소리로 말해 보세요.

참 잘했어요!

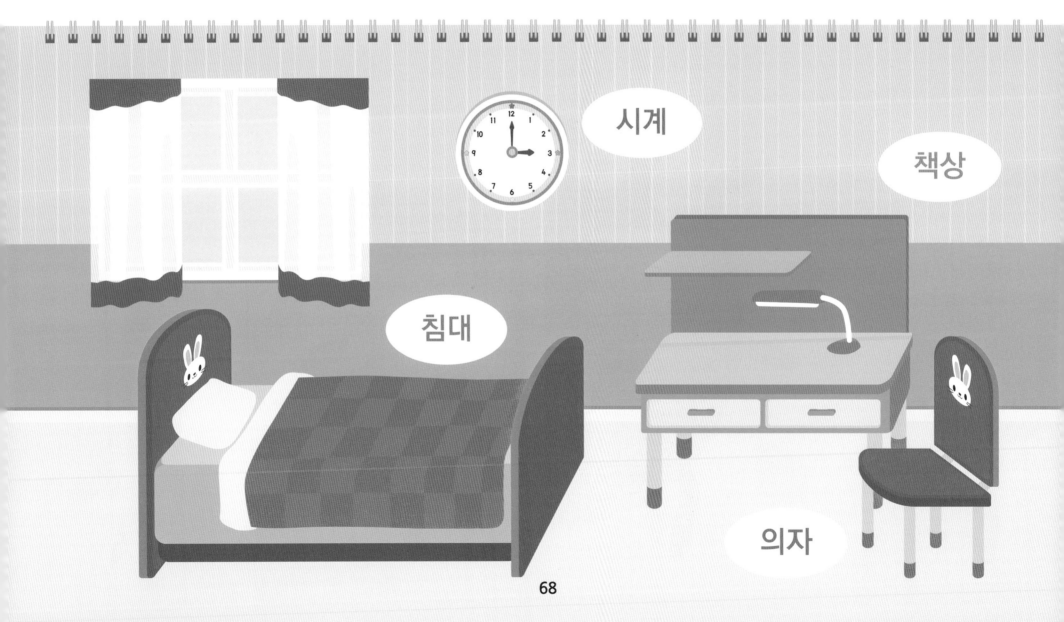

시계

책상

침대

의자

68

물건

여러 가지 물건

✳ 그림을 보고 물건들의 이름을 큰 소리로 말해 보세요.

참 잘했어요!

거울

모자

색연필

가방

여러 가지 물건

✽ 그림의 이름을 찾아 선을 따라 그어 보세요.

참 잘했어요!

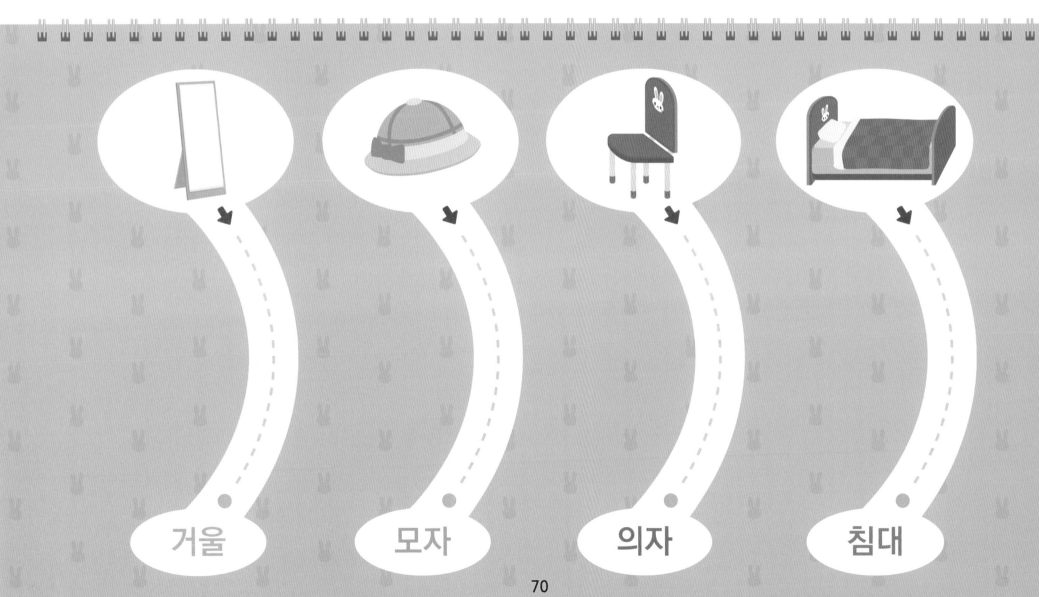

거울

모자

의자

침대

여러 가지 물건

✳ 나의 물건은 어떤 색일까요? 예쁘게 색칠해 보세요.

참 잘했어요!

물건

여러 가지 물건

✳ 물건의 이름을 보고 알맞은 그림을 찾아가세요.

참 잘했어요!

색연필

모자

의자

여러 가지 물건

✳ 그림을 보고 알맞은 이름 스티커를 붙이세요.

참 잘했어요!

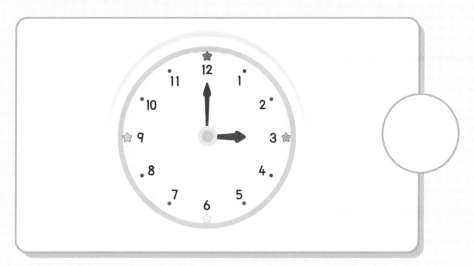

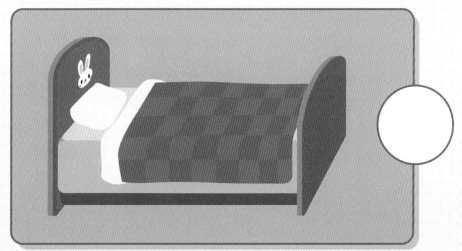

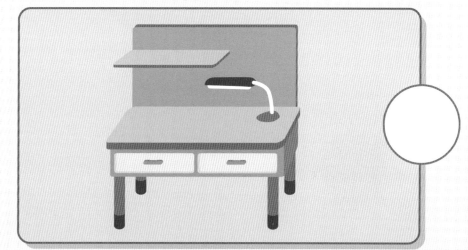

여러 가지 물건

✳ 유치원에 갈 때 필요한 것은 무엇일까요? 길을 따라가세요.

참 잘했어요!

여러 가지 물건

✳ 모양은 다르지만 이름이 같아요. 선을 긋고 이름이 무엇인지 말해 보세요.

참 잘했어요!

75

학교에 가요

✳ 오빠가 학교에 가려고 해요. 필요한 물건을 찾아 색칠해 보세요.

참 잘했어요!

76

입학 전 한글떼기 `3·4세`

❄ **1P**

❄ **2P**

❄ **3P**

❄ **4P**
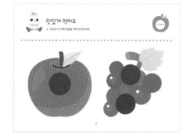

❄ **5P**
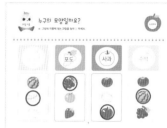

❄ **6P**

❄ **7P**

❄ **8P**
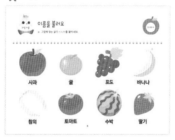

❄ **9P**

❄ **10P**
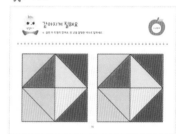

❄ **11P**
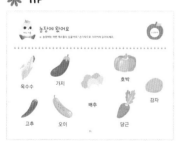

❄ **12P**
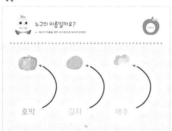

❄ **13P**
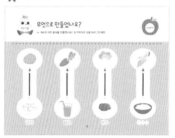

❄ **14P**
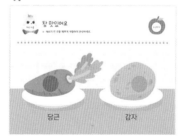

❄ **15P**

❄ **16P**

❄ **17P**
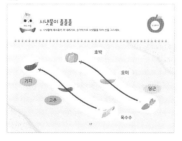

❄ **18P**
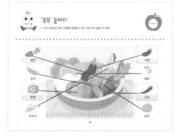

❄ **19P**
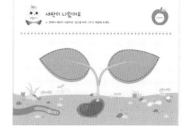

❄ **20P**

입학 전 한글떼기 3·4세

❊ 21P

❊ 22P

❊ 23P

❊ 24P

❊ 25P

❊ 26P

❊ 27P
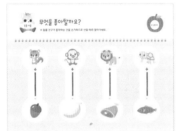

❊ 28P

❊ 29P

❊ 30P

❊ 31P

❊ 32P

❊ 33P
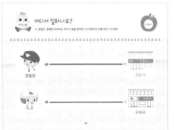

❊ 34P
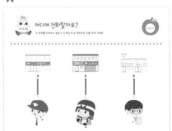

❊ 35P

❊ 36P

❊ 37P

❊ 38P

❊ 39P

❊ 40P

한글떼기 3·4세

41P

42P

43P

44P

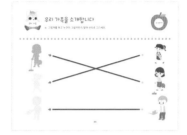

45P

46P

47P

48P

49P

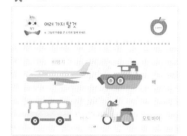

50P

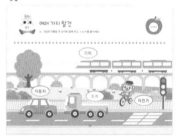

51P

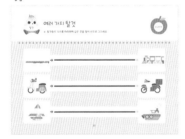

52P

53P

54P

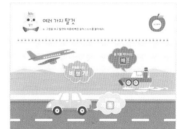

55P

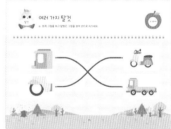

56P

57P

58P

59P

60P

입학 전 한글떼기 `3·4세`

✳ **61P**

✳ **62P**

✳ **63P**

✳ **64P**

✳ **65P**

✳ **66P**

✳ **67P**

✳ **68P**

✳ **69P**

✳ **70P**

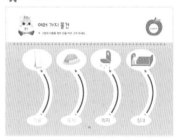

✳ **71P**

✳ **72P**

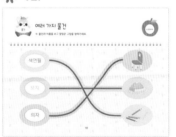

✳ **73P**

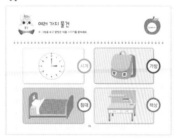

✳ **74P**

✳ **75P**

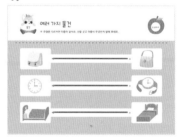

✳ **76P**

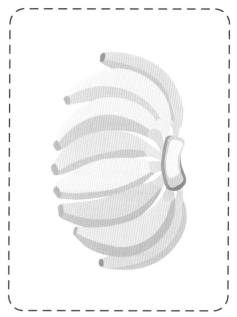

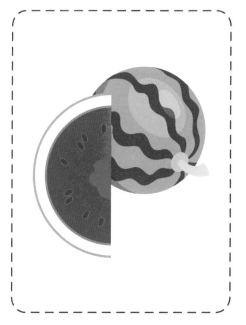

바나나	포도	귤	사과
딸기	수박	토마토	참외

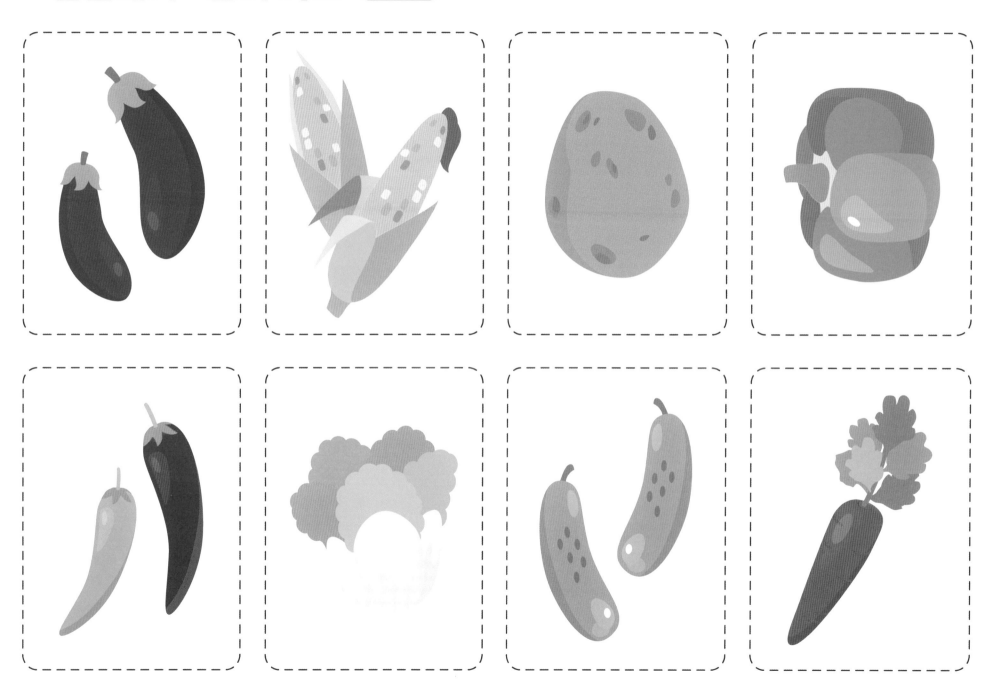

호박	감자	옥수수	가지
당근	오이	배추	고추

✂ 절취선을 가위로 오려서 사용하세요.

사슴	코끼리	다람쥐	사자
곰	호랑이	원숭이	거북

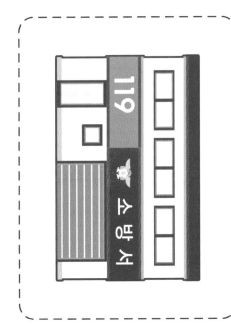

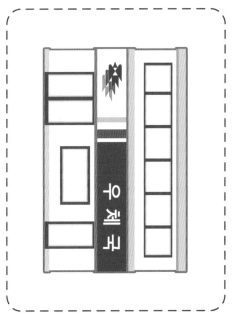

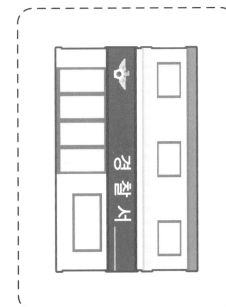

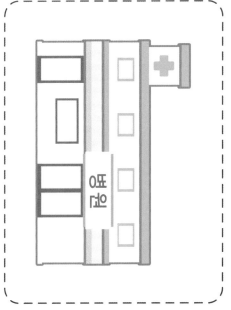

집배원	우체국	소방관	소방서
의사	병원	경찰관	경찰서

엄마	할머니	동생	언니
아빠	할아버지	나	오빠

✂ 절취선을 가위로 오려서 사용하세요.

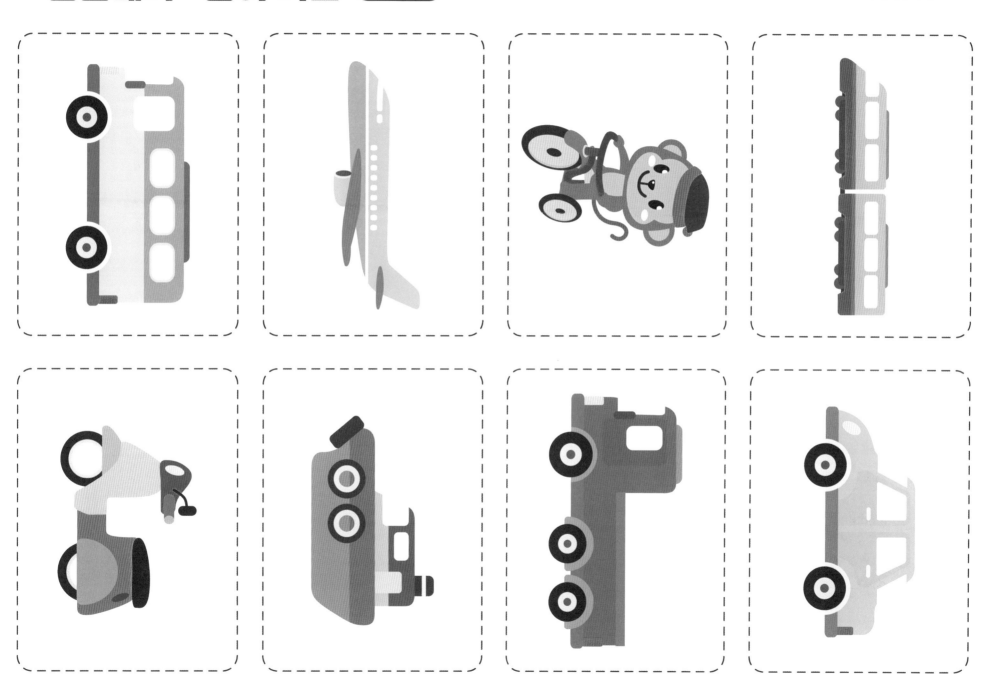

기차

자전거

비행기

버스

자동차

트럭

배

오토바이

매미	잠자리	벌	무당벌레
장수풍뎅이	개미	나비	메뚜기

✂ 절취선을 가로로 오려서 사용하세요.

침대	시계	모자	거울
책상	의자	가방	색연필

입학 전
한글떼기 3·4세

✳ '참 잘했어요!'에 붙여 주세요.

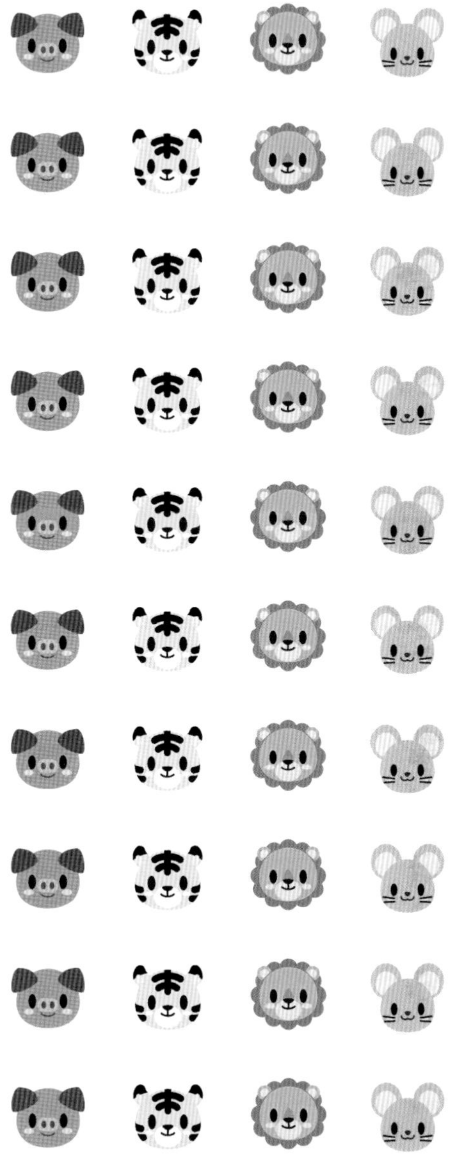

✳ 3P

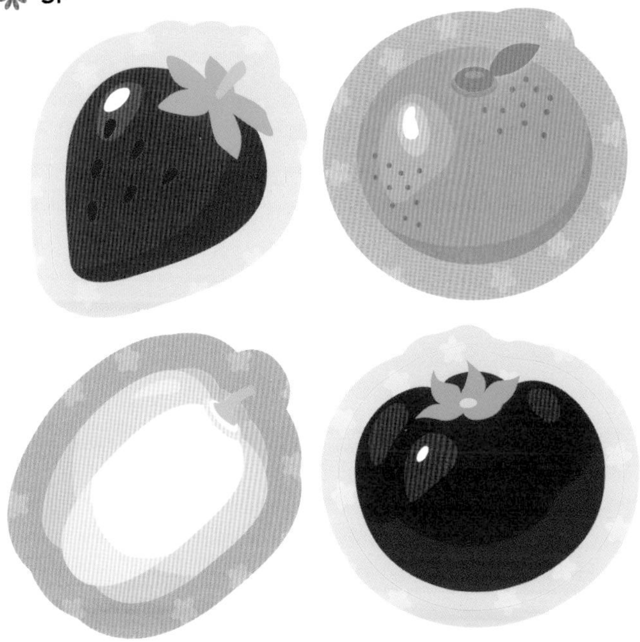

✳ 8P

사과 귤 포도 바나나

참외 토마토 수박 딸기

✳ 25P

곰 사자 코끼리 거북

✳ 23P

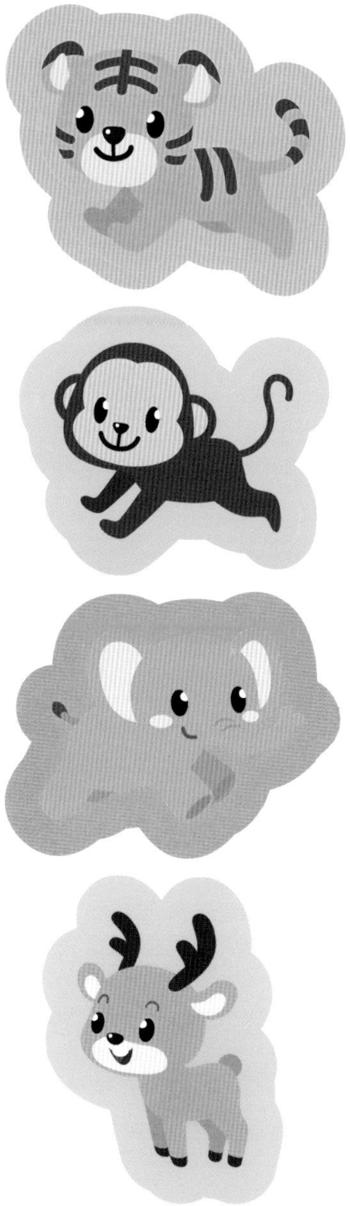

한글떼기 3·4세

❋ 40P

❋ '참 잘했어요!'에 붙여 주세요.

할아버지

언니

할머니

아버지

동생

어머니

❋ 50P

자동차

트럭

기차

자전거

❋ 60P

매미

개미

메뚜기

장수풍뎅이

❋ 62P

❋ 46P

언니

아기

할머니

아버지

❋ 54P

 행

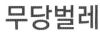 배

 동

❋ 65P

무당벌레

메뚜기

나비

❋ 73P

시계

가방

침대

책상